Blatt & Blüte

50 TIPPS

WINTER GLÜCK

Pflanze dir dein buntes Winterglück

AF214420

moses.

BESONDERE JAHRESZEIT: WINTER

Von Dezember bis Februar – in bergigen Gebieten noch länger – herrscht bei uns Winter. Die Tage sind kurz, die Nächte sind lang. Pflanzen und Tiere haben sich auf diese dunkle, kühle Jahreszeit eingestellt; sie legen eine Ruhepause ein. Schon im Herbst haben die Laubbäume und Sträucher ihre Blätter, nach einem Feuerwerk bunter Laubfarben, abgeworfen. Nur so können sie den Winter überleben, würden sie mit Blattwerk doch in frostigen Perioden verdursten. Die oberirdischen Stängel, Blätter und Blüten der Blumen und Kräuter vertrocknen, nur die Wurzeln überdauern den Winter. Einjährige Pflanzen haben ihre Entwicklung sogar gänzlich abgeschlossen – bei ihnen haben nur die Samen überlebt, die an den verdorrten Stängeln oder auf dem Erdboden ruhen. Braun in vielen verschiedenen Tönen ist die natürliche Pflanzenfarbe des Winters, mit der Sie wunderbare Gartenbilder zeichnen können (siehe Karte 23).

WINTERBLUMEN DRINNEN

Selbst mitten im Winter müssen Sie nicht auf eine bunte Blütenpracht verzichten, denn es gibt viele Zimmerpflanzen, die gerade in der dunkelsten Jahreszeit blühen. Diese Zimmerpflanzen stammen vorwiegend aus an-

deren Erdteilen, in denen es oft keine so ausgeprägten Jahreszeiten gibt wie bei uns. Bei anderen, wie dem aus Südafrika stammenden Weihnachtsstern, muss man einen Trick anwenden, damit diese Kurztagspflanze genau an Weihnachten blüht: Sie bekommt im Herbst mehrere Wochen lang durch gezieltes Abdecken weniger Licht – eben so, als ob der Tag kurz und die Nacht lang wäre. Das bringt sie zum Blühen (siehe Karte 14).

IMPRESSUM

Arnoldstraße 13d, D-47906 Kempen
www.moses-verlag.de

ISBN 978-3-96455-274-7

Konzept & Text: Bärbel Oftring
Design & Boxgestaltung:
Christina Kölsch (christinakoelsch.de)
Satz: Kirsten Küsters
Lektorat: Anna Hahn
Redaktion: Lena Klashinrichs

Bildnachweis:
Cover Box: Adobe Stock: Hanna / Shutterstock: Anastasia Lembrick / Illustration Contributor / Vector Contributor / tapilipa; **Leporello:** Foto Autorin, Bärbel Oftring privat / Shutterstock: Winterdeko, Yuttana Joe / Blume1, New Africa / Blume 2, Oksana_Schmidt; **Karten:** Shutterstock: 1, Luca Piva / 2, Dmytro Dzhyrma / 3, Summer 1810 / 4, hernan ceballos / 5, paitoon Meetee; Elena Emiliya / 6, Pereslavtseva Katerina / 7, fpdress / 8, Marinodenisenko; Alina_Miyazaki / 9, Moskwa / 10, znmysteryPhoto / 11, Sarycheva Olesia / 12, Yuttana Joe / 13, Chamille White / 14, New Africa / 15, Galina Grebenyuk / 16, Paul Maguire; Gregory A. Pozhvanov / 17, Alena Charykova / 18, Antoniya Kadiyska / 19, olko1975 / 20, fetrinka / 21, Roel Meijer / 22, Manfred Ruckszio / 23, ju_see / 24, 66squarefeet / 25, Przemyslaw Muszynski / 26, Tom Meaker / 27, Andrew Fletcher / 28, ToriNim / 29, Iva Vagnerova / 30, yoko_ken_chan / 31, COULANGES / 32, billysfam / 33, Landrausch / 34, Wally Pruss / 35, C. Nass / 36, Charlotte Bleijenberg / 37, COULANGES; Valentina_G / 38, Oksana_Schmidt / 39, marilyn barbone; nblx / 40, Sviflyk; Debra Anderson; Silkspin / 41, Ireshetnikov54; AS Foodstudio / 42, Oksana_Schmidt / 43, iMarzi; iMarzi; iMarzi / 44, Christine Kuchem / 45, 2xWilfinger / 46, Mariia Boiko / 47, Artrademotion / 48, stocksolutions; Mikael Damkier / 49, Tanja Esser / 50, mdbildes

Printed in China

INHALT

LEGENDE

- ✳ einfache Kultur, pflegeleicht
- ✳✳ nicht ganz so einfach
- ✳✳✳ für Menschen mit grünem Daumen

- ☀ sonnig und hell
- ⛅ halbschattig
- ☁ schattig

- 💧 geringer Wasserbedarf
- 💧💧 normaler Wasserbedarf
- 💧💧💧 hoher Wasserbedarf

DIE AUTORIN

Bärbel Oftring ist Diplom-Biologin und hat das Büchermachen von der Pique auf gelernt. Sie schreibt über Erstaunliches, Wissens- und Erlebenswertes in Natur und Garten. Inzwischen sind über 140 Titel für Erwachsene und Kinder von ihr erschienen, die bereits in mehrere Sprachen übersetzt und mehrfach mit Preisen ausgezeichnet wurden. Heute lebt die engagierte Naturforscherin mit ihrer Familie bei Stuttgart.

WINTERBLUMEN DRAUSSEN

Selbst im Freien – auf Balkon und Terrasse und im Garten – gibt es in der kalten Jahreszeit Blühendes: Da sind zum einen verschiedene blühende Blumen wie die Herbst-Chrysanthemen, die ihre Blütezeit vom Herbst weit in den Winter hineinschieben können, zum anderen solche, die wie die Christrosen oder Schneeglöckchen tatsächlich mitten im Winter blühen. Gerade diese frühen Frühblüher sind enorm wichtig für Hummeln, deren Königinnen an sonnigen Wintertagen für kurze Zeit ihr schützendes Versteck verlassen und Nektar und Pollen zu sich nehmen.

Und schließlich gibt es unter den Sträuchern tatsächlich etliche mit winterlicher Blütenpracht, allen voran die Zaubernuss (Hamamelis) – großes Blütenkino mitten im Winter (siehe Karte 32)!

ZIMMER-ALPENVEILCHEN (CYCLAMEN PERSICUM)

Unermüdlich blühen Alpenveilchen den ganzen Winter lang in einer unglaublichen Blütenfülle – kein Wunder, dass sie zu den beliebtesten Blütenpflanzen fürs Zimmer gehören. Nach der Blüte, die bis in den April hinein dauert, begeistern die herzförmigen Blätter mit unterschiedlichen Maserungen.

Von den Alpenveilchen, die natürlicherweise in den Wäldern Südeuropas beheimatet sind, gibt es in großer Vielfalt Hybriden mit kleinen oder großen, gefransten oder gerandeten Blüten von Weiß über Rot und Rosa bis hin zu lachsfarbenen und violetten. Wer es lieber klein mag, der findet in der gleichen Farbvielfalt Mini-Cyclamen.

Alpenveilchen sind Knollenpflanzen, die ganzjährig einen hellen bis halbschattigen, eher kühleren Platz wünschen, aber keine direkte Sonne. Während der Blüte sollte die Erde stets gleichmäßig feucht sein. Da man nicht über die Blätter und Knollen gießen soll, wässern Sie am besten von unten: Wasser in den Untersetzer oder Übertopf geben, nach 10 Minuten das überschüssige Wasser abschütten. Reagiert sehr empfindlich auf Staunässe und Trockenheit. Wenn Alpenveilchen blühen, alle 14 Tage düngen.

WINTER-TIPP: Auf der Fensterbank über einer laufenden Heizung ist kein guter Platz für Alpenveilchen!

TIPP: Alpenveilchen werden von Jahr zu Jahr schöner: Nach der Blüte reduzieren Sie für 6–8 Wochen die Wassergaben, nicht düngen. Dadurch geht die Pflanze in eine Ruhepause, und die Blätter ziehen ein. Sobald sich die ersten grünen Triebe zeigen, topfen Sie die Pflanze in frische Erde um. Dabei sollten die Knollen etwas über die Erdoberfläche ragen.

TOPF-AZALEEN (RHODODENDRON-SIMSII-HYBRIDEN)

Was wäre die dunkle Jahreszeit ohne einige schöne Farbtupfer in der Wohnung? Hier bietet sich mit der Topf- oder Zimmerazalee ein prachtvoller Winterblüher von Oktober bis ins Frühjahr hinein an. Mit ihren großen, weißen, rosa oder roten Blüten sorgt sie an hellen Fenstern für ein bisschen Sommerflair. Leider sind Azaleen kleine Pflanzendivas, die recht anspruchsvoll sind.

Schon der botanische Name, der übersetzt „Rosenbaum" bedeutet, weist auf die wunderschönen Blüten dieser Azalee hin. Sie stammt aus den frischkühlen, luftfeuchten Bergwäldern Chinas und Japans – dementsprechend ist sie recht empfindlich: Sie braucht einen hellen, feuchten und luftigen Platz ohne direkte Sonne, der auch nicht zu warm ist. Optimal sind Temperaturen um 15 – 18 °C. Im Sommer darf sie auch draußen im Schatten eines Baumes stehen, im Oktober wird sie wieder ins Haus geholt.

Topf-Azaleen vertragen weder Austrocknen noch Staunässe, sie brauchen ein gleichmäßig feuchtes Substrat. Gießen Sie sie regelmäßig, im späten Frühjahr und Sommer etwas mehr – am besten mit weichem, kalkarmem und lauwarmem Wasser. Zudem besprühen Sie die Blätter der Pflanze ab und zu mit weichem Wasser (nicht die Blüten, da diese sonst Flecken bekommen). Von Frühjahr bis Herbst düngen Sie jede Woche mit einem speziellen Rhododendron- oder Azaleendünger, im Winter nur einmal im Monat. Nach der Blüte können Sie die Azalee in ein größeres Gefäß mit Azaleenerde umtopfen.

TIPP: Weil Topf-Azaleen gern feuchte Luft haben, können Sie neben die Pflanze eine Schale Wasser stellen.

BLÜTEN-BEGONIEN (BEGONIA-ELATIOR-HYBRIDEN)

Nahezu das ganze Jahr über bestechen die sogenannten Elatior-Begonien mit einer überbordenden Blütenpracht in Weiß, Gelb, Orange, Rosa bis Rot – im Winter bringen sie viel Farbe in Ihre Wohnung. Und dabei sind sie sogar noch pflegeleicht.

Wegen ihrer asymmetrisch geformten, schiefen Blätter heißen Begonien auch Schiefblattgewächse. Von diesen tropischen Pflanzen wurde eine schier unübersichtliche Fülle an Hybriden gezüchtet – neben den Blüten-Begonien auch Blatt-Begonien (Begonia-Rex- und andere Hybriden) mit unglaublich schön gezeichneten und gefärbten Blättern.

Begonien möchten warm (20 – 22 °C) und hell stehen, aber ohne pralle Sonne. Im Winter kann es mit 18 °C auch etwas kühler sein. Begonien gedeihen besser, wenn sie nicht zu dicht beisammenstehen. Halten Sie die Erde stets gleichmäßig leicht feucht, nicht zu nass und nicht zu trocken – an kühleren Plätzen entsprechend weniger gießen. Von Frühjahr bis Herbst geben Sie dem Gießwasser alle zwei Wochen einen flüssigen Blühpflanzendünger hinzu. Nach der Blüte vorsichtig umtopfen und zurückschneiden, damit sich die Pflanze gut verzweigt.

TIPP: Begonien können Sie das ganze Jahr über leicht über Stecklinge vermehren, die Sie zur Wurzelbildung in ein mit Wasser gefülltes Gefäß stellen. Um die Verdunstung zu verringern, entfernen Sie die Hälfte der Blätter.

*** 💧💧 ☀ ⛅

BRUNFELSIE (BRUNFELSIA PAUCIFLORA VAR. CALYCINA)

Von Januar bis Mai/Juni erscheinen die bis zu 5 cm großen, duftenden Blüten der Brunfelsie. Wegen ihrer tropischen Herkunft wünscht sie einen warmen, hellen Platz mit hoher Luftfeuchtigkeit – in geheizten Räumen erfordert dies häufiges Besprühen mit weichem, kalkarmem Wasser.

Die violetten Blüten erheben sich über den langen, schlanken Blättern – dadurch wirkt die Brunfelsie recht elegant. Im Lauf der Zeit wechseln die Blüten ihre Farbe von Tiefviolett über Hellviolett zu Weiß.

Ganzjährig sollte die Brunfelsie an einem hellen, warmen Platz mit Temperaturen um 20 °C stehen, ohne direkte Sonneneinstrahlung. Ideal ist ein warmer Wintergarten. Halten Sie die Brunfelsie stets leicht feucht, sie darf nicht austrocknen. Verwenden Sie zum Gießen nur kalkarmes, zimmerwarmes Wasser! Von Frühjahr bis Herbst können Sie alle zwei Wochen einen Blumendünger ins Gießwasser geben.

Nach der Blüte schneiden Sie diese Pflanze kräftig zurück – so erhalten Sie einen kompakt buschigen Wuchs. Bei Bedarf können Sie sie dann auch umtopfen.

TIPP: Damit sie viele Blütenknospen ansetzt, braucht die Brunfelsie ab November eine Ruhezeit an einem kühleren, hellen Standort bei nur 10–14 °C. Weniger gießen.

CHRISTUSDORN (EUPHORBIA MILII)

Wie der Weihnachtsstern (Karte 14) gehört auch der Christusdorn in die artenreiche Gruppe der Wolfsmilchgewächse, in deren Stängel ein hautreizender Milchsaft fließt. Im Winter, aber auch in vielen anderen Monaten des Jahres, bilden sich bei dieser anspruchslosen Pflanze fortlaufend unscheinbare Blüten, die von weißen bis kräftig roten Hochblättern umgeben sind.

TIPP: Tragen Sie bei Pflegearbeiten am besten robuste Arbeitshandschuhe.

Die bleistiftdicken Triebe des Christusdorns sind in der Lage, Wasser zu speichern (Sukkulenz), tragen viele spitze Dornen und kleine eiförmige Blätter. In seiner madagassischen Heimat ist er ein sukkulenter, bis zu 2 m hoher Strauch, den Sie im Raum auch an einem Spalier hochwachsen lassen können.

Der Christusdorn möchte das ganze Jahr über sehr hell bis vollsonnig und warm stehen, im Sommer darf er auch an einem windgeschützten, sonnigen Platz ins Freie. Ausreichend Licht ist wichtig – können Sie ihm im Winter keinen sehr hellen Platz anbieten, so sollten Sie ihn unbedingt kühl halten, zum Beispiel im ungeheizten Wintergarten. Gießen Sie ihn stets zurückhaltend, dabei darf das Substrat aber nicht völlig austrocknen. Im Sommerhalbjahr wird alle zwei Wochen mit Kakteendünger gedüngt.

TIPP: Wunderschön (und dornenlos!) blüht der ebenfalls sukkulente Weihnachtskaktus (Schlumbergera-Hybriden).

FLAMINGOBLUME, ANTHURIE (ANTHURIUM)

Flamingoblumen fallen wegen ihrer großen Hochblätter in kräftigem Rot, Rosa oder Weiß auf, die monatelang über den meist glänzend dunkelgrünen Blättern stehen. Sie umgeben einen kolbenförmigen Blütenstand, der an einen langhalsigen Flamingo erinnert. Dieser Blütenstand ist bei der Großen Flamingoblume (Anthurium-Andraeanum-Hybriden) gerade und gelb, bei der Kleinen Flamingoblume (A.-Scherzerianum-Hybriden) gebogen und orangerot.

Die aus den tropischen Regenwäldern Mittel- und Südamerikas stammenden Flamingoblumen sind trotz ihres prächtigen Aussehens relativ unkompliziert zu pflegen: Ganzjährig wünschen sie einen hellen bis halbschattigen Platz bei normalen Zimmertemperaturen (um 20 °C) ohne direkte Sonneneinstrahlung. Die Pflanze mag keine kalten Füße, darum ist ein warmes Fensterbrett ideal, sofern Sie dort – etwa durch regelmäßiges Besprühen oder eine aufgestellte Wasserschale – für ausreichend feuchte Luft sorgen können.

Das Substrat stets gleichmäßig feucht halten; es darf weder staunass sein noch austrocknen. Verwenden Sie zum Gießen weiches, kalkarmes und zimmerwarmes Wasser. Im Winter wird weniger gegossen. Dem Gießwasser geben Sie von Frühjahr bis Herbst alle zwei Wochen einen Blumendünger zu.

TIPP: Während die Kleine Flamingoblume mindestens sechs Wochen im Jahr bei nur 15 °C stehen darf, um Blüten anzusetzen, bildet die Große Flamingoblume Blütenknospen auch ohne eine solche kühle Ruhephase.

FLIEDER-PRIMEL (PRIMULA MALACOIDES)

Primeln sind herrliche Blütenpflanzen, die die kalte, dunkle Winterzeit mit ihren zahlreichen Blüten erhellen. Neben den bekannten Kissen-Primeln, die Sie gleich nach Weihnachten in großer, bunter Blütenvielfalt erstehen können, weiß die Flieder-Primel mit ihren zart gefärbten Blüten zu begeistern. Für alle Primeln gilt: Damit Sie sich bis zu acht Wochen lang an den Blüten erfreuen können, sollten Sie für möglichst kühle Bedingungen sorgen.

Primeln mögen es kühl, auch die aus China stammende Flieder-Primel, die auch Braut-Primel genannt wird. Deshalb sind das kühle Schlafzimmer oder ein Wintergarten besser geeignet als das gut geheizte Wohnzimmer. Für besondere Anlässe oder als Tischschmuck können Sie die Primeln aber auch für kürzere Zeit in wärmere Räume stellen.

Die Flieder-Primel ist eine einjährige Pflanze, die nach dem Verblühen Samen bildet und dann eingeht. Von November bis März erscheinen die Blüten etagenweise. Stellen Sie sie an einen sehr hellen, aber nicht sonnigen Platz und halten Sie sie stets leicht feucht, Staunässe ist unbedingt zu vermeiden. Ideales Gießwasser ist weich, kalkarm und zimmerwarm.

TIPP: Flieder-Primeln werden durch Aussaat vermehrt. Säen Sie die Samen im Juni/Juli in kalkarmer Aussaaterde aus, sie werden nicht mit Erde bedeckt (Lichtkeimer). An einem hellen Platz bei 18–20 °C keimen die Samen innerhalb von zwei Wochen. Zwei bis drei Wochen später topfen Sie dann die kräftigsten Keimpflanzen einzeln ein, nun bei 10 °C wachsen lassen.

KAMELIE (CAMELLIA JAPONICA)

Die wunderschönen Kamelien gelten seit jeher als anspruchsvoll, reagieren sie doch auf Pflegefehler wie zu trockene Luft oder auf das Umstellen der Pflanze an einen anderen Platz mit dem Abwurf ihrer Blütenknospen. Bei richtiger Pflege und dem optimalen Standort kann diese mit dem Teestrauch verwandte immergrüne Pflanze auch bei uns recht alt werden. Darum gibt es viele Pflanzenfreunde, die sich jedes Jahr erneut an der üppigen Blütenfülle erfreuen – vielleicht gehören ja auch Sie dazu!

TIPP: Für die Kultur im Zimmer sind Kamelien mit ungefüllten Blüten am besten geeignet.

Ihrer ostasiatischen Heimat gemäß brauchen Kamelien eher kühlere, helle, zugluftfreie Standorte ohne direkte Sonneneinstrahlung, etwa in einem unbeheizten Wintergarten mit Temperaturen von unter 18 °C. In geheizten Räumen mit trockener Heizungsluft können sich die Blüten nicht so recht entfalten. Im Sommer kann die Kamelie an einem nicht zu sonnigen Platz auch im Freien sein, muss aber vor den ersten Frösten ins Haus – und zwar im Herbst bis zur Blüte an einen luftigen, hellen Platz bei nur 5–8 °C.

Halten Sie die Kamelie das ganze Jahr über gleichmäßig feucht ohne Staunässe und ohne Austrocknen, gießen Sie am besten mit Regenwasser. Zudem sollten Sie die Pflanze täglich mit zimmerwarmem, weichem Wasser besprühen. Von Mitte Mai bis Mitte Juni sowie von Mitte Juli bis Mitte September düngen Sie einmal pro Woche mit einem speziellen Azaleendünger.

Lassen Sie die Kamelie so wachsen, wie sie will – verzichten Sie auf das Zurückschneiden. Müssen zu lange Triebe gekürzt werden, so tun Sie dies nur im Sommer. Der Sommer ist auch der einzige Zeitraum, in dem Sie eine Kamelie umtopfen können.

TIPP: Je mehr Licht Kamelien erhalten, umso üppiger werden Blütenknospen gebildet und umso intensiver sind die Blütenfarben.

FLAMMENDES KÄTHCHEN (KALANCHOE BLOSSFELDIANA)

Das Flammende Käthchen gehört zu den beliebtesten Zimmerpflanzen: Grund dafür sind die schönen Blütendolden aus bis zu 500 winzig kleinen Blüten in kräftigem Rot, Orange, Rosa, Pink und Weiß, die im Winter und zeitigen Frühjahr erscheinen. Zudem ist sie auch noch eine überaus pflegeleichte Pflanze, die auch dem Anfänger viel Freude bereitet.

Ganzjährig wünscht das Flammende Käthchen einen hellen, auch sonnigen, warmen Platz, im Sommer auch im Freien. Da es wie alle Kalanchoen dunkelgrüne, fleischige Blätter besitzt, erträgt es Trockenheit deutlich besser als zu viel Wasser: Im Winter wird das Flammende Käthchen fast gar nicht gegossen, sofern es an einem kühleren Platz steht. Im Sommer gießen Sie nur mäßig und immer erst dann wieder, wenn die Erdoberfläche gut abgetrocknet ist. Geben Sie dem Gießwasser vom Frühjahr bis zum August alle zwei bis vier Wochen einen schwach dosierten Blühpflanzendünger hinzu.

Oft werden diese aus den Trockengebieten Madagaskars stammenden Kalanchoen nur für eine Saison kultiviert und nach der wochenlangen Blüte im Frühjahr dann entsorgt: Dafür ist diese schöne Pflanze aber viel zu schade! Entfernen Sie fortlaufend verblühte Blüten, und schneiden Sie die Pflanze nach der Blüte kräftig zurück. So regen Sie das Wachstum von neuen Trieben an.

SCHMETTERLINGSORCHIDEE (PHALAENOPSIS)

Diese Orchidee, die auch Malaienblume oder Nachtfalterorchidee genannt wird, ist die bekannteste kultivierte Orchidee. Sie erfreut im Winter, aber auch in anderen Jahreszeiten, mit ihren wunderschönen farbkräftigen Blüten. Dank der über 25 000 gezüchteten Hybriden und Sorten zeigen die großen Blüten ein reiches Farb- und Formenspektrum. Und das große Plus: Sie gehört zu den pflegeleichten Orchideen, mit denen man erste Erfahrungen sammeln kann.

Aus kurzen Stängeln gehen bei der Schmetterlingsorchidee fleischige, längliche Blätter und lange, oft grün gefärbte Luftwurzeln hervor. Die zahlreichen schmetterlingsähnlichen Blüten stehen an langen, häufig verzweigten Stielen.

Optimal ist ein heller bis halbschattiger Standort ohne pralle Mittagssonne, etwa an einem Nordfenster, bei normalen Zimmertemperaturen. Bei trockener Raumluft sollten Sie die Pflanzen mit kalkfreiem Wasser besprühen oder in Pflanzennähe eine Schale mit Wasser aufstellen.

Das Substrat wird gleichmäßig feucht gehalten (mit weichem, kalkfreiem Wasser) und von April bis Oktober einmal im Monat mit Orchideendünger versorgt.

Verwenden Sie für Orchideen stets ein durchlässiges Substrat wie Orchideenerde.

TIPP: Um Fäulnis zu vermeiden, sollte immer nur das Substrat und nie die Pflanze selbst gegossen werden.

RITTERSTERN (HIPPEASTRUM)

Prachtvoll große, trichter- bis trompetenförmige Blüten und eindrucksvolle bandförmige Blätter sind die charakteristischen Merkmale des beliebten Rittersterns, der oft fälschlicherweise als Amaryllis bezeichnet wird. Vor allem zur Weihnachtszeit zaubert er mit seinen kräftig gefärbten Blüten Farbe in Ihre Wohnung.

Der aus Südamerika stammende Ritterstern gehört zu den Narzissengewächsen, d. h. er besitzt eine große Zwiebel als Speicherorgan. Diese schaut zu etwa einem Drittel aus dem Substrat heraus. Im Jahreslauf gibt es eine Wachstumsphase, in der aus der Zwiebel Blätter und Blüten sprießen, und eine Ruhephase im Herbst, in der die Blätter gelb werden und nach dem Verwelken abgeworfen werden. Das ist völlig natürlich.

Während der Wachstumsphase liebt der Ritterstern einen möglichst hellen, sonnigen Platz am Fenster bei warmen Temperaturen, dann halten Sie das Substrat stets leicht feucht. Wenn die Blüten im Frühjahr abgestorben sind, geben Sie dem Gießwasser wöchentlich bis August einen Dünger zu.

Ab September stellen Sie das Gießen ein, denn nun welken die Blätter und die Ruhephase beginnt. Sobald die ersten Blattspitzen aus der Zwiebel erscheinen, beginnen Sie wieder mit dem Gießen.

TIPP: Der Ritterstern bildet gern kleinere Brutzwiebeln. Diese können Sie an der Hauptzwiebel belassen oder vorsichtig abnehmen und einzeln in Pflanzgefäße setzen.

STERN VON ÄGYPTEN (PENTAS LANCEOLATA)

Im Winter sehnt man sich nach Sonne, Licht und Aufmunterung. Was liegt da näher, als in der Wohnung für Lichtblicke zu sorgen: Mit dem Stern von Ägypten, der seine schönen farbenfrohen Blüten mitten im Winter entfaltet, schaffen Sie sich eine fröhlich-bunte Atmosphäre in der dunklen Jahreszeit.

Diese im tropischen Afrika und Asien beheimatete Pflanze ist ein Halbstrauch mit buschigem Wuchs, dessen Triebe an der Basis verholzen. Von September bis Januar erheben sich die bis zu 3 cm langen Trichterblüten über schönem Laub.

Der Stern von Ägypten möchte das ganze Jahr über hell stehen, verträgt aber keine direkte Sonne. Im Sommer wünscht er einen möglichst warmen, luftigen Platz, gern auch draußen auf Balkon oder Terrasse. Ab September darf es drinnen dann ein kühlerer Platz sein. Vom Frühjahr bis zum Herbst sollte das Substrat stets leicht feucht sein, in dieser Zeit geben Sie einmal wöchentlich einen Blumendünger ins Gießwasser. Vermeiden Sie unbedingt Staunässe, auf die die Pflanze mit gelben Blättern reagiert. Im Winter weniger gießen und nicht düngen.

TIPP: Gärtner behandeln diese Pflanze gern mit Wuchshemmstoffen, damit sie dichtbuschig wächst. Diese Wirkung lässt im Lauf der Zeit nach – dann sollten Sie regelmäßig die Triebe einkürzen. So erhalten Sie den buschigen Wuchs. Auch junge Pflanzen öfter stutzen.

USAMBARAVEILCHEN (SAINTPAULIA IONANTHA)

Wegen der schönen Blüten, die fast das ganze Jahr über erscheinen, ist diese klassische Zimmerpflanze äußerst beliebt. Daher wundert es nicht, dass es mittlerweile unzählige Sorten gibt: Ob blau, violett, rot, rosa, weiß, ob ein- oder mehrfarbig, einfach oder gefüllt, mit glatten oder gefransten Blütenblättern – garantiert ist auch Ihre Lieblingssorte dabei.

Usambaraveilchen stammen aus den Wäldern Tansanias. Daher vertragen sie keine direkte Sonne, auch wenn sie es gern ganzjährig hell bis halbschattig mögen. Wichtig ist ein warmer Standort, an dem auch im Winter die Temperaturen nicht unter 18 °C absinken. Zugluft bekommt ihnen gar nicht gut.

Nehmen Sie zum Gießen nur weiches, kalkarmes, zimmerwarmes Wasser, und geben Sie möglichst nur Wasser in den Untersetzer (die empfindlichen Blätter werden sonst leicht fleckig). Von Frühjahr bis Herbst alle zwei Wochen einen schwach dosierten Blumendünger verwenden, im Winter genügt eine monatliche Düngergabe.

TIPP: Usambaraveilchen können Sie ganz einfach vermehren: Schneiden Sie dazu ein Blatt mit langem Stiel ab und stellen es in ein mit Wasser gefülltes Glas an einen warmen, hellen Platz.

WEIHNACHTSSTERN (EUPHORBIA PULCHERRIMA)

Zur Adventszeit gehören Weihnachtssterne mit ihren prächtig gefärbten Hochblättern einfach dazu. Leider werden diese schönen Pflanzen meist nach dem Verblühen weggeworfen – dabei können Sie diese aus Mexiko stammenden Sträucher gut weiterkultivieren und sogar erneut zum Blühen anregen.

In seiner Heimat ist der Weihnachtsstern ein reich verzweigter Strauch, der über 3 m hoch werden kann. Als Zimmerpflanze wird er in einer großen Fülle als ein- oder mehrtriebiger Busch, Ampelpflanze, Hochstämmchen oder auch als Miniaturpflanze angeboten.

Der Weihnachtsstern möchte das ganze Jahr über hell stehen, ohne Zugluft, und wenig, aber regelmäßig mit zimmerwarmem Wasser gegossen werden. Im Sommerhalbjahr geben Sie alle zwei Wochen einen Flüssigdünger ins Gießwasser.

Nach der Blüte schneiden Sie den Weihnachtsstern zurück (Achtung, hautreizender Milchsaft; ggf. Arbeitshandschuhe tragen) und stellen ihn bis Mai kühler bei 12 – 15 °C auf, eher trocken halten. Sobald er wieder austreibt, topfen Sie ihn in normale Blumenerde um und stellen ihn an einen wärmeren Platz, gern auch ins Freie.

TIPP: Der Weihnachtsstern ist eine Kurztagpflanze, die nur dann Blüten bildet, wenn sie acht Wochen lang täglich höchstens zehn Stunden Licht bekommt. Soll Ihr Weihnachtsstern pünktlich zum Advent blühen, dann stülpen Sie im September und Oktober täglich für etwas mehr als 14 Stunden einen Karton o. Ä. über die Pflanze – zum Beispiel von 18 Uhr bis 8 Uhr.

BARBARAZWEIGE

Am 4. Dezember ist Barbaratag – zu Ehren dieser Heiligen, die im 3. Jahrhundert nach Christus lebte, gibt es einen schönen Brauch: Der Legende nach soll sich auf dem Weg zum Gefängnis ein Kirschbaumzweig in ihrem Kleid verfangen haben. Sie nahm ihn mit und im Gefängnis erblühte der Zweig. Wenn Sie am Barbaratag Zweige von einem Obstbaum schneiden, blühen diese an Weihnachten.

GEEIGNETE ZWEIGE: Kirsche, Pflaume, Apfel, Schlehe (Achtung, mit langen Dornen besetzt), auch Flieder, Ginster, Forsythie, Schneeforsythie (Karte 28)

BARBARAZWEIGE – SO GEHT'S:

❶ Schneiden Sie mit einer scharfen Gartenschere 50 – 100 cm lange knospentragende Zweige von einem geeigneten Baum oder Strauch ab (Liste siehe Vorderseite dieser Karte).

❷ Schneiden Sie die Zweigenden schräg an, und stellen Sie sie in eine mit frischem Wasser gefüllte Vase in ein warmes Zimmer.

❸ Ist die Luft bei laufender Heizung sehr trocken, sollten Sie die Zweige mehrmals täglich mit weichem Wasser besprühen. So erhöhen Sie die Luftfeuchtigkeit.

❹ Alle 3 – 4 Tage wechseln Sie das Wasser.

❺ Bald öffnen sich die Knospen.

TIPP: In Niederösterreich wurden dem Brauch nach Zettelchen an die Barbarazweige gehängt, auf denen die Namen geliebter Menschen standen. Dem Menschen, dessen Name an dem zuerst aufblühenden Zweig hing, sollte besonders viel Glück ins Haus stehen.

ALPENVEILCHEN FÜR DEN GARTEN (CYCLAMEN)

Zwei hübsche Alpenveilchen begleiten Sie durch den Winter – das Herbst-Alpenveilchen (Cyclamen hederifolium) blüht vom Herbst bis in den beginnenden Winter hinein, das Frühlings-Alpenveilchen (Cyclamen coum) öffnet ab Spätwinter seine Blüten. Von beiden Arten gibt es zahlreiche Sorten mit rosa bis karminroten oder weißen, duftenden Blüten.

Die nur 10 cm hohen Alpenveilchen sind langlebige Knollenpflanzen, die sich von selbst ausbreiten und nach und nach einen dichten Bestand bilden. Sie wachsen natürlicherweise in Wäldern und unter Gebüschen. Dementsprechend sind sie für vollsonnige Plätze nicht geeignet. Sie wünschen einen warmen Platz im hellen Schatten, am besten unter sommergrünen Laubbäumen und Laubsträuchern, auf durchlässigem Boden, der nicht austrocknen sollte. Achten Sie auch darauf, dass keine starkwüchsigen Pflanzen in der Nachbarschaft sind – diese würden die Alpenveilchen verdrängen.

Bedecken Sie die Alpenveilchen im Winter locker mit etwas Laub oder Reisig.

NICHT WUNDERN: Alpenveilchen ziehen ihre Blätter im Frühling ein und treiben im Herbst erneut aus.

CHRISTROSEN (HELLEBORUS)

Die wunderschönen, eleganten und im Winter blühenden Christrosen werden im Garten immer beliebter – und so gibt es mittlerweile von diesen für früh fliegende Insekten wichtigen Blüten eine schöne Auswahl an Arten und Sorten. Schon ab November erscheinen die weißen Blüten der November-Christrose (Helleborus niger ‚Praecox'), ab Januar/Februar öffnen sich die Blüten der Christrose Helleborus niger, Nieswurz (Helleborus foetidus) sowie Lenzrosen (Helleborus Orientalis-Hybriden) in Weiß über Rosa bis zu Purpurrot.

Auch für die Kultur in Pflanzgefäßen auf Balkon und Terrasse geeignet.

Wo sich die anspruchslosen Christrosen mit ihren großen, nektar- und pollenreichen Blüten und dem ausdauernden Laub einmal angesiedelt haben, halten sie sich jahrzehntelang durch ihre unterirdisch kriechenden Rhizome. Ihren natürlichen Standorten entsprechend wachsen Christrosen unter Gehölzen und im Schutz von Büschen und Hecken. Sie wünschen einen warmen, sonnigen bis halbschattigen Platz auf durchlässigem Boden – auf verdichteten oder schweren Böden tun sie sich schwer. Versorgen Sie die Pflanze im Frühjahr mit etwas Kompost oder einem organischen Dünger.

TIPP: Damit Sie lange Freude an diesen Pflanzen haben, sollten Sie sie unbedingt ungestört wachsen und sich langsam ausbreiten lassen. Christrosen werden niemals lästig.

HERBST-CHRYSANTHEMEN (CHRYSANTHEMUM-INDICUM-HYBRIDEN)

Gemäß ihres späten Blühtermins bis in den Winter hinein werden diese Chrysanthemen auch Winterastern genannt. Diese pflegeleichten Gartenchrysanthemen gibt es in einer großen Fülle an Sorten mit Wuchshöhen von 40 – 90 cm und Blütenfarben von Weiß über Gelb, Orange, Rosa und Rot bis zu Rotbraun, Lila und Violett.

Auch für die Kultur in einem großen Pflanzgefäß auf Balkon und Terrasse geeignet.

Sonnig und warm auf nährstoffreichem, durchlässigem Boden – so sieht der Lieblingsplatz der Herbst-Chrysanthemen aus. Dort bildet diese Gartenpflanze im Lauf der Zeit einen immer größeren Bestand, der sich durch kurze Ausläufer ausbreitet. Die großen Körbchenblüten leuchten von Herbst bis in den Winter hinein in kräftigen Farben – möchten Sie Bienen, Schmetterlingen und anderen Blütenbestäubern im Herbst wichtige Nektar- und Pollennahrung anbieten, so wählen Sie nur Sorten mit einfachen Blüten und verzichten auf solche mit gefüllten, ballförmigen oder pomponartigen Blüten.

Im Frühjahr düngen Sie die Herbst-Chrysanthemen mit Kompost oder einem organischen Dünger, im Winter ist ein leichter Frostschutz mit Reisig notwendig.

TIPP: Wenn die Herbst-Chrysantheme zu groß geworden ist, können Sie sie im Frühjahr mit einem Spaten teilen und an anderer Stelle pflanzen oder verschenken.

SCHNEEGLÖCKCHEN (GALANTHUS NIVALIS)

Wenn die Schneedecke langsam zu schmelzen beginnt, erscheinen – fast unbemerkt – auf den ersten offenen Stellen die weißen Schneeglöckchen. Dieser pflegeleichte Frühblüher gehört zu den Zwiebelblumen, und dank dieser Zwiebel vermag er so zeitig im Jahr zu blühen. Vom heimischen Schneeglöckchen gibt es eine Vielzahl an Sorten, die sich allesamt über reichlich Brutzwiebeln nestartig verbreiten.

Das Schneeglöckchen kommt natürlicherweise im lichten Gebüsch und in den bach- und flussbegleitenden Wäldern vor. Darum mag es im Garten einen frühlingshellen, kühlen Platz unter sommergrünen Bäumen und Sträuchern auf frischem bis feuchtem, humusreichem Boden.

Mit den Blüten erscheinen die schmalen Blätter, die mit den verwelkten Blüten einziehen. Da die in den Blättern enthaltenen Stoffe beim Einziehen in der Zwiebel fürs nächste Jahr gelagert werden, dürfen Sie Verblühtes oder Welkendes nicht entfernen.

Hat sich das Schneeglöckchen an einer Stelle zu stark ausgebreitet, können Sie kurz nach der Blüte einzelne Zwiebeln mit einer Grabgabel aus dem Boden heben und diese an anderen Stellen setzen.

TIPP: Bei eher sandigem, trockenem Boden ist das Großblütige Schneeglöckchen (Galanthus elwesii) gut geeignet.

SIEBENBÜRGENER LEBERBLÜMCHEN (HEPATICA TRANSSILVANICA)

In milden Wintern öffnen die Siebenbürgener Leberblümchen schon im Januar ihre anemonenartigen, hellviolettblauen bis leuchtend blauen Blüten. Dabei gehört die Sorte ‚Winterfreude' zu den frühesten Leberblümchen!
Früh fliegende Hummeln und andere Wildbienen besuchen die Blüten.

Das Siebenbürgener Leberblümchen stammt aus den Wäldern der rumänischen Karpaten – darum wünscht sich diese anspruchslose, bis zu 10 cm hohe Pflanze einen halbschattigen bis schattigen Platz auf humusreichem, gern lehmigem Boden im Schutz von Bäumen und Sträuchern. Dort breitet sie sich durch Ausläufer aus und bildet bald einen hübschen Teppich – wenn Sie sie ungestört wachsen lassen!

TIPP: Etwas später blüht das heimische Leberblümchen (Hepatica nobilis), das sich gern aussät und dann hier und dort im Garten auftaucht. Nach der Blüte erscheinen die drei- bis fünflappigen Blätter. Weil deren Form die Menschen im Mittelalter in der Signaturenlehre an die Form der Leber erinnerte, kam diese Pflanze zu ihrem Namen Leberblümchen.

ROTE TEPPICHBEERE (GAULTHERIA PROCUMBENS)

Zwar nicht mit Blüten, dafür aber mit auffallend roten Früchten ist dieser auch Wintergrün genannte Zwergstrauch aus dem Nordosten der USA und Kanada den ganzen Winter über eine Zierde – nicht nur als Bodendecker im Garten, sondern auch im Balkonkasten und Kübel auf Balkon und Terrasse.

In seiner nordamerikanischen Heimat wächst die immergrüne Rote Teppich- oder Niedere Scheinbeere in Wäldern, bei uns ist sie eine unkomplizierte Garten- und Balkonpflanze – sie neigt nicht zum Verwildern. Mit ihrem kriechenden Wuchs und den unterirdischen Ausläufern bildet sie rasch einen dichten Pflanzenteppich unter Bäumen und Sträuchern. Sie liebt den Halbschatten, an sonnigen Plätzen gedeiht sie nur bei ausreichend Wasserzufuhr.

Die Blätter duften nach dem Zerreiben minzig frisch. Im Sommer erscheinen die kleinen Glöckchenblüten, die gern von Hummeln und anderen Wildbienen besucht werden. Aus ihnen entwickeln sich zum Herbst hin rote, ungenießbare Früchte, die bis zum Frühjahr an der Pflanze hängen bleiben und nicht von Vögeln verzehrt werden.

Im Frühjahr düngen Sie einmalig mit Rhododendrondünger nach den Angaben auf der Verpackung.

TIPP: Besonders gut gedeiht dieser Zwergstrauch auf saurem Moorpflanzensubstrat – dieses verwenden Sie in Pflanzgefäßen.

WINTERLING (ERANTHIS HYEMALIS)

Zusammen mit den Schneeglöckchen ist der Winterling *der* Frühlingsbote schlechthin: Mitten im ausgehenden Winter, selbst wenn noch Schnee liegt, erheben sich die Blütenstängel aus dem Boden. Kurz darauf öffnen sich die leuchtend gelben Schalenblüten mit zartem Duft über halskrausenähnlichen, grünen Hochblättern.

Der Winterling ist eine in Südeuropa heimische Knollenpflanze, die dort an feuchten Waldrändern wächst. Darum mag sie im Garten halbschattige bis schattige Plätze am Rand von sommergrünen Bäumen und Sträuchern, unter denen im Frühling die Sonne bis auf den Boden scheint. Auch in lückigem Rasen kann er gedeihen. Der Boden sollte frisch und eher feucht sein – auf verdichteten oder trockenen Böden kann sich der Winterling nicht halten.

Mit den Blüten erscheinen die handförmig geschlitzten Blätter, die bald ebenso wieder einziehen wie die Blüten. Dann ruht die Knolle im Erdboden bis zum nächsten Jahr.

TIPP: Dank kurzer Ausläufer breitet er sich von Jahr zu Jahr mehr aus – nach ein paar Jahren bildet er einen gelb blühenden Teppich, der sehr sonnig wirkt. Da die Samen auch von Ameisen verschleppt werden, taucht er gern an Stellen auf, an denen Sie ihn nicht gesät oder gepflanzt haben.

EINE GROSSARTIGE WINTERKULISSE

... in Ihrem Garten erschaffen Sie durch einfaches Nichtstun im Herbst: Schneiden und räumen Sie Verblühtes und Verwelktes im Herbst nicht ab, weder Stauden und Gräser noch Kräuter, Salate oder Gemüse. Stattdessen lassen Sie dieses – wie in der Natur üblich – über den Winter stehen.
Die verblühten Pflanzen enthalten jede Menge Samen, von denen sich Distelfinken (Stieglitze), Zeisige und andere Vögel ernähren.

INDEM SIE AUF DAS ABRÄUMEN VERZICHTEN, TUN SIE NOCH MEHR GUTES:

- Der Boden ist durch die weiterhin geschlossene, höhere Pflanzendecke bestens gegen Frost, starke Niederschläge, Wind und Sturm geschützt. Er kann nicht weggeschwemmt oder weggeweht werden. Zudem können die wichtigen Bodenorganismen, die auch für die Gesundheit Ihrer Pflanzen sorgen, besser den Winter überdauern.
- Zwischen den dürren Pflanzen verbringen unzählige Kleintiere wie Insekten in allen Entwicklungsstadien (als Ei, Larve, Puppe oder fertiges Insekt) und viele andere Lebewesen den Winter. Diese sind enorm wichtig – nicht nur als Nahrung für die Küken von Meise & Co., sondern auch als Bestäuber, Gegenspieler, Verwerter und Aufräumer.

TIPP: Erst im kommenden Frühjahr, wenn die Pflanzen beginnen auszutreiben, werden die dürren Pflanzenreste abgeräumt und auf einem Haufen gelagert. So können die darin ruhenden Kleintiere entkommen und Finken die übrig gebliebenen Samen fressen.

WOHLRIECHENDE HECKENKIRSCHEN (LONICERA)

Unter den über 180 verschiedenen Arten von Heckenkirschen gibt es eine winterattraktive Art, deren cremeweiße Blüten sich ab Dezember öffnen – dies ist die aus China stammende Wohlriechende oder Winterblühende Heckenkirsche (Lonicera fragrantissima) mit gezüchteten Kreuzungen wie Lonicera x purpursii und unzähligen Sorten. Die schönen Blüten duften nach Jasmin und Honig; sie ziehen früh im Jahr fliegende Hummeln und Bienen magisch an.

Da diese dicht verzweigten Sträucher sehr langsam wachsen und erst im Alter Höhen von bis zu 2 m erreichen, eignen sie sich auch für kleinere Gärten – etwa in einer mit heimischen Wildsträuchern kombinierten Heckenpflanzung. Um im Winter in den Genuss der duftenden Blüten zu gelangen, pflanzen Sie sie am besten dorthin, wo Sie regelmäßig vorbeistreifen – im Eingangsbereich etwa.

Heckenkirschen sind anspruchslos und pflegeleicht. Sie wünschen einen sonnigen bis halbschattigen Platz in normalem Gartenboden. Obwohl sie recht winterhart sind, gedeihen sie an einem geschützten Standort besser.

KORNELKIRSCHE (CORNUS MAS)

Unter den heimischen Sträuchern ist die Kornelkirsche eine der ersten Blüher – zum Winterende hin umgeben die kleinen goldgelben Blüten die noch blattlosen Zweige in dichten Dolden. Damit ist die Kornelkirsche aus ökologischer Sicht DIE Alternative zur Forsythie. Aus den Blüten entwickeln sich dann zum Sommer hin vitaminreiche rote Früchte mit säuerlichem Geschmack.

Für Hummeln und andere Wildbienen sind die nektarreichen Blüten eine wichtige Nahrungsquelle im ausgehenden Winter. Die anspruchslose, pflegeleichte und robuste Kornelkirsche gedeiht auf normalem Gartenboden am vollsonnigen Platz ebenso gut wie am halbschattigen. Im Garten bieten Sie ihr am besten einen warmen Standort, da fühlt sie sich wohl.

Dieser Wildstrauch kann nach Belieben geschnitten werden. Steht die Kornelkirsche frei, wird sie sich ganz langsam zu einem mehrstämmigen Baum mit runder Krone entfalten, in Begleitung von größeren Bäumen bleibt sie ein kompakter Strauch.

TIPP: Aus den roten Früchten, die auch bei Vögeln beliebt sind, können Sie Marmelade, Kompott oder Gelee kochen.

MAHONIE 'WINTERSONNE' (MAHONIA X MEDIA)

Die Mahoniensorte 'Wintersonne' macht ihrem Namen alle Ehre: Von Januar bis April erblüht sie in sonnigem Gelb und verströmt dabei auch noch einen intensiven Honigduft. Unterstrichen wird diese Winterschönheit vom dunkelgrünen Laub, das über den Winter am Strauch bleibt.
Auch für die Kultur im Kübel auf Balkon und Terrasse geeignet.

Halbschattige bis schattige Stellen bringt diese Mahonie im Winter durch die intensiv gelben Blütentrauben zum Leuchten. Die ledrigen, steifen Blätter mit den spitzen Enden färben sich im Herbst wunderschön orangerot.

Damit Sie Freude an diesem frostempfindlichen, bis zu 1,5 m hohen Strauch haben, müssen Sie ihm einen gut vor Wind und Frost geschützten Platz geben, am besten vor einer nach Osten oder Westen gerichteten Wand oder Mauer. Denn volle Wintersonne mag diese Mahoniensorte trotz ihres Namens nicht. Da ihr der Wurzeldruck von Gehölzen nichts ausmacht, eignet sie sich auch unter größeren Bäumen oder in Wildstrauchhecken.

Der richtige Standort ist aber auch der einzige „Haken", denn ansonsten ist diese Mahonie pflegeleicht: Sie kommt mit jedem Gartenboden zurecht.

TIPP: Von April bis Mai blüht die Gewöhnliche Mahonie (Mahonia aquifolium) mit gelben Blütentrauben und Honigduft; in vielen Sorten erhältlich.

BODNANT-WINTERSCHNEEBALL (VIBURNUM X BODNANTENSE)

Der aus zwei ostasiatischen Schneeballarten gekreuzte Bodnant-Schneeball ist ein beliebter Winter- und Frühblüher an geschützten Plätzen. Die kleinen, trichterförmigen rosa Blüten, die in dichten Rispen an den Zweigenden beisammenstehen, duften intensiv nach Vanille. Das hübsche Laub färbt sich im Herbst rot.

Wählen Sie für diesen bis zu 3 m hohen, aufrecht wachsenden Strauch unbedingt einen geschützten Standort an der Hauswand, an einer Mauer oder einem ähnlichen Platz – denn bei stärkeren Frösten erfrieren die Blüten – und dann müssen Sie auf die Blüte bis zum nächsten Jahr warten.

Der Bodnant-Schneeball braucht im Garten einen sonnigen bis halbschattigen Platz auf eher feuchtem, durchlässigem und nährstoffreichem Boden. Sorgen Sie für einen gleichmäßig feuchten Boden, in eisigen Wintern und kalten Lagen sollten Sie diesen Strauch vor Frost schützen. Im Handel finden Sie mehrere Sorten.

TIPP: Auch der Lorbeer-Schneeball ‚Gwenllian' (Viburnum tinus), mit ähnlichen Ansprüchen wie der Bodnant-Schneeball, ist ein herrlicher Hingucker im Winter: Der immergrüne, bis zu 1,5 m hohe Strauch blüht ab November zunächst rosa, später weiß mit zartem Duft.

SCHNEEFORSYTHIE (ABELIOPHYLLUM DISTICHUM)

In wintermilden Gebieten beginnt schon im Januar die Blütezeit dieses herrlichen, aus Korea stammenden Strauchs, der auch Weiße Forsythie genannt wird. Die traumhaft schönen, zu vielen in Trauben angeordneten Blüten verströmen einen feinen Duft nach Mandeln.
Dieser zierliche, langsam wachsende Strauch eignet sich auch als Kübelpflanze auf Balkon und Terrasse.

Überreich blühend zeigt sich dieser bei uns selten in Gärten anzutreffende Zierstrauch bis in den Mai hinein. Die unzähligen Glöckchenblüten in zartem Rosaton hängen dicht an dicht an den geraden Zweigen, die gern von Hummeln besucht werden. Nach der Blüte treiben die Blätter aus.

Der pflegeleichte, winterharte Strauch bevorzugt einen sonnigen bis halbschattigen Platz, der windgeschützt sein sollte. Optimal ist ein sandig-humoser Boden, denn Staunässe verträgt er nicht. Wegen ihrer geringen Größe eignet sich die Schneeforsythie perfekt für kleine Gärten.

BESONDERHEIT: Rarität!
Die Schneeforsythie kommt nur auf der koreanischen Halbinsel vor – dort ist sie an vielen Naturstandorten gefährdet. Als Gartenpflanze wird sie gezüchtet.

SCHNEEHEIDE (ERICA CARNEA)

Die heimische Schneeheide ist ein immergrüner, buschiger Zwergstrauch, der von Dezember bis April seine kleinen, zart rosafarbenen, sehr pollen- und nektarreichen Glockenblüten öffnet – diese sind eine ungemein wichtige Nahrungsquelle für Hummeln, Wildbienen und Schmetterlinge.
Auch für die Kultur in Pflanzgefäßen auf Balkon und Terrasse geeignet.

Die Schneeheide wächst langsam – ideal für den Blumenkasten auf dem Balkon, aber auch für größere Flächen als immergrüner Bodendecker im Garten (dazu pflanzen Sie 8–10 Pflanzen pro Quadratmeter). Sie wünscht einen sonnigen bis halbschattigen Platz. Die robuste, anspruchslose Pflanze gedeiht auf gut durchlässigem Gartenboden, der nicht zu trocken ist. Sorgen Sie für ausreichende Bewässerung, wobei Staunässe unbedingt zu vermeiden ist. In kalten Wintern sollten Sie die Pflanzgefäße mit Vlies oder ähnlichem Winterschutzmaterial umgeben, damit der Wurzelballen nicht durchfrieren kann.

Damit der bis zu 30 cm hohe Zwergstrauch von unten her nicht verkahlt, sondern schön buschig bleibt, sollten Sie ihn nach der Blüte zurückschneiden.

TIPP: Auf sandigem, auch saurem Boden blüht von Dezember bis April die etwas höhere Winterblühende Heide (Erica x darleyensis) mit ihren rosaroten Glockenblüten.

CHINESISCHE WINTERBLÜTE (CHIMONANTHUS PRAECOX)

Mit dem starken Vanilleduft, den die gelben Blüten ab Januar – in milden Wintern sogar schon vor Weihnachten – verströmen, macht dieser zu den Gewürzstrauchgewächsen zählende, bis zu 3 m hohe Strauch seiner Herkunft alle Ehre. Hummeln und andere Insekten besuchen die becherförmigen, bis zu 2,5 cm großen Blüten. Erst wenn sie verwelkt sind, treiben die grünen Blätter an den aufrechten Zweigen aus.

Auch als Kübelpflanze auf Balkon und Terrasse geeignet.

Dieser hübsche Zierstrauch stammt aus China. Im Garten mag er einen warmen, sonnigen bis halbschattigen und vor Wind und Kälte geschützten Platz auf nährstoffreichem, durchlässigem Boden. Vor einer Wand oder Mauer fühlt sich die Chinesische Winterblüte wohl. Sorgen Sie dafür, dass der Boden nicht austrocknet – auch gegen Staunässe ist dieser Strauch empfindlich.

Wenn Sie einen jungen Strauch pflanzen, müssen Sie ein paar Jahre warten, bis die ersten Blüten erscheinen. Ab dann entfalten sie sich von Jahr zu Jahr prächtiger. Nur junge Sträucher benötigen bei extremem Frost einen Winterschutz durch Vliesauflage, ältere Sträucher sind frosthart und unempfindlich.

Bei Bedarf können Sie die Zweige auch zurückschneiden, am besten gleich nach der Blüte.

TIPP: Beim Neujahrsfest in Japan sollen die frisch geschnittenen Zweige der Winterblüte Glück bringen.

WINTERJASMIN (JASMINUM NUDIFLORUM)

An den rutenartig langen, grünen Zweigen öffnen sich von Dezember bis weit ins Frühjahr hinein die bis zu 2 cm großen Blüten wie gelbe Sterne. Nach der Blüte fallen die hübschen dreizähligen Blätter auf.
Auch als Kübelpflanze auf Balkon und Terrasse geeignet.

Noch viel zu selten sieht man diesen hübschen im Winter blühenden Strauch, der sich an festen Untergründen wie Mauern oder Wänden in die Höhe schieben kann – ihm fehlen aber Ranken oder Haftfüßchen, mit denen er sich festklammern oder anheften könnte. Darum können Sie den aus Ostasien stammenden Winterjasmin als Kletterpflanze an einem Rankgerüst aufleiten oder als Bodendecker (etwa auf Böschungen) nutzen. Über Mauern und Geländer hängen seine Zweige gern bogig über. Im dichten Geäst finden Vögel schützende Plätze.

Der Winterjasmin wünscht einen sonnigen bis halbschattigen Platz auf nährstoffreichem Boden, der sowohl das Klima in der Stadt als auch Hitze gut verträgt.

ZAUBERNUSS (HAMAMELIS X INTERMEDIA)

An den rutenartig langen, grünen Zweigen öffnen sich von Dezember bis weit ins Frühjahr hinein die bis zu 2 cm großen Blüten wie gelbe Sterne. Nach der Blüte fallen die hübschen dreizähligen Blätter auf.
Auch als Kübelpflanze auf Balkon und Terrasse geeignet.

Von Weitem leuchten die ungewöhnlichen Blüten mit den auffallend bandförmigen, gedrehten, gekräuselten oder gewellten Blütenblättern am hellgrauen bis silbrigen Geäst der Zaubernuss im winterlichen Garten. Im Herbst setzt die Zaubernuss durch das kräftig orange Herbstlaub einen weiteren attraktiven Farbakzent.

Dieser bis zu 3,5 m hohe Blütenstrauch wünscht einen sonnigen bis halbschattigen Platz auf nährstoffreichem, lockerem Boden. Mit etwas saurerem Boden kommt die Zaubernuss gut klar, weniger mit Verdichtungen und Staunässe. Darum sollten Sie verdichteten Boden, etwa nach Neubaumaßnahmen oder bei schwerem Tonboden, vor dem Pflanzen gründlich lockern – Regenwürmer sind die besten Bodenlockerer. Sie können sie durch Düngen mit Kompost und Bedecken des Bodens mit Laub als Mulchschicht fördern.

FELDSALAT

Der schmackhafte Feldsalat mit dem angenehmen Nussaroma ist recht anspruchslos, und da er sehr frosthart ist, eignet er sich als Nachkultur für alle Beete im Garten, die zum Herbst hin abgeerntet sind. Aber natürlich bietet sich seine Kultur auch auf Balkon und Terrasse in einem Balkonkasten an. Geerntet wird dann tagtäglich den ganzen Winter lang so viel, wie Sie gerade brauchen.

Säen Sie das Feldsalat-Saatgut nach den Angaben auf dem Samentütchen von August bis Mitte September auf einem Beet im Garten oder in einem mit Erde gefüllten Pflanzgefäß aus; drücken Sie die Samen gut an, vorsichtig gießen und nach dem Keimen die Erde stets leicht feucht halten. Drei Monate später ist der Feldsalat erntebereit – schneiden Sie mit einem scharfen Messer ganze Blattrosetten bodennah ab. Wählen Sie dabei am besten die kräftigsten Rosetten aus, dann bekommen die schwächeren mehr Raum und können kräftig wachsen.

WICHTIG! Ernten Sie keine gefrorenen Blätter, sondern warten Sie mit der Ernte, bis sie aufgetaut sind.

TIPP: Wenn Sie nur die äußersten Blätter einer Rosette ernten, wächst sie noch eine Weile nach und Sie können später erneut ernten.

WINDOW-FARMING

Frische Vitamine gibt es auch im Winter, denn am Fenster gedeihen Kresse und andere würzige Keimsprossen mit einem reichen Cocktail an Vitaminen, Mineralien und Pflanzenpower für Salate, Wraps und Co. – das geht fast wie von selbst. Sie brauchen dazu nur ein Schraubdeckelglas oder eine Keimsprossenbox, die es sogar stapelbar für das gleichzeitige Ziehen verschiedener Keimsprossen gibt.

Wenn Sie kein spezielles Keimsprossenglas haben, bereiten Sie das Schraubdeckelglas vor: Bohren Sie dazu viele Löcher in den Deckel.

Geben Sie dann etwa 2 Esslöffel der gewünschten Sprossensamen in ein kleines Sieb und waschen Sie sie unter fließendem Wasser. Dann geben Sie die Samen in das Glas und füllen es mit warmem Wasser, verschließen den Deckel und lassen die Samen über Nacht im Wasser quellen.

Am nächsten Morgen stellen Sie das Glas schräg hin und lassen das komplette Wasser abfließen. Anschließend stellen Sie das Glas schräg ans Fenster, zweimal täglich spülen Sie die Samen mit frischem Wasser (gut ablaufen lassen). Sie können zuschauen, wie die Samen keimen – am 4. Tag sind sie nach nochmaligem Spülen fertig zum Verspeisen!

Auswahl an Keimsprossen: Borretsch, Erbsen, Gerste, Hafer, Karotte, alle Kohlsorten (Rotkohl, Weißkohl, Brokkoli), Koriander, Kresse, Kürbis, Leinsamen, Linsen, Radieschen, Rettich, Roggen, Rote Bete, Rotklee, Rucola, Senf, Sonnenblumen, Weizen

Probieren Sie auch mal exotische Keimsprossen wie Alfalfa, Amaranth, Asia-Blattsalate, Azukibohnen, Bockshornklee, Buchweizen, Kichererbsen, Mungbohnen, Perilla (Shiso), Quinoa, Sesam, Sojabohnen.

SCHNITTLAUCH-TREIBEREI AUF DER FENSTERBANK

Schnittlauch ist ein würziges Küchenkraut aus der großen Familie der Lauchverwandten. Da es frostfest ist, können Sie ruhig den draußen gepflanzten Schnittlauch an Ort und Stelle belassen – und täglich frisch ernten. Sie können aber auch im Herbst den Schnittlauch nach drinnen nehmen und auf der Fensterbank weiterkultivieren: Damit das gut gelingt, wenden Sie einen kleinen Trick an – die Schnittlauch-Treiberei.

Stellen Sie Ihre Schnittlauchpflanzen im Herbst drinnen auf die Fensterbank, so stellt der Schnittlauch rasch sein Wachstum ein oder geht sogar ganz ein. Damit dies nicht geschieht und Sie auch im Winter kräftigen Schnittlauch ernten können, stellen Sie um auf Schnittlauch-Treiberei – das geht so:

Ab August stellen Sie bei den vorgesehenen Schnittlauchpflanzen die Ernte ein, ab September dann auch das Gießen. Nehmen Sie dann die Pflanzen aus der Erde (oder dem Pflanzgefäß), entfernen die Erde um die Zwiebeln sowie sämtliche Blätter und lassen die Zwiebel an einem kühlen, trockenen Ort trocknen. Im November setzen Sie die Schnittlauchzwiebeln in ein Pflanzgefäß mit Blumenerde, gießen gründlich mit zimmerwarmem Wasser und stellen es auf die Fensterbank. Bald treiben die Zwiebeln aus, und Sie können jederzeit frischen Schnittlauch ernten.

Im Frühjahr kommt der Schnittlauch dann wieder nach draußen.

TIPP: Verwenden Sie zum Ernten und Zerkleinern eine Küchenschere – das geht viel leichter als mit einem Messer

WINTERPORTULAK (CLAYTONIA PERFOLIATA)

Mit ihrem feinen nussigen Geschmack und dem reichen Gehalt an Vitamin C, Eisen, Kalium, Kalzium und Omega-3-Fettsäuren erobert Winterportulak – auch Winterpostelein oder Kubaspinat genannt – als Salat, Gemüse oder Smoothie die Winterküche. Die robuste, anspruchslose einjährige Pflanze können Sie auf frei gewordenenen Beeten im Garten oder auf Balkon und Terrasse in einem normalen Blumenkasten oder flachen Pflanzgefäß anbauen. Sehr frostfest!

ACHTUNG! Winter- und Sommerportulak (Portulaca oleracea) sind zwei völlig verschiedene Pflanzenarten, die nicht miteinander verwandt sind.

Von September bis Februar säen Sie das Portulak-Saatgut nach den Angaben auf dem Samentütchen nicht zu dicht in Töpfen oder Aussaatschalen aus. Am besten ziehen Sie dazu im Abstand von 15 cm Rillen in den Boden, die ca. 0,5 cm tief sind. Nach dem Aussäen Rillen schließen.

Nun kommt die einzige Schwierigkeit bei der Kultur von Winterportulak: Er ist ein Kaltkeimer, d. h. er keimt nur bei Temperaturen unterhalb von 12 °C. Falls es draußen noch zu warm ist, können Sie die Töpfe oder Schalen so lange in den Kühlschrank stellen, bis die ersten grünen Spitzchen erscheinen – Erde nicht austrocknen lassen! Dann kommen sie an einen hellen, warmen Platz. Der Boden sollte stets gleichmäßig feucht sein.

Von November bis März können Sie fortlaufend die herzförmigen Blätter ernten – achten Sie dabei unbedingt darauf, dass Sie das Herz der einzelnen Pflänzchen nicht verletzen. Nur dann wachsen sie immer wieder nach. Auch die Blüten sind essbar.

TIPP: Mischen Sie das feine Saatgut mit Sand – dann säen Sie nicht zu dicht aus.

WINTERSALATE

Salate sind gesund, schmackhaft, schnell zubereitet und ideal für die leichte Küche. Auch im Winter müssen Sie auf frische, selbst geerntete Salate nicht verzichten – im Pflanzgefäß auf Balkon und Terrasse oder im Garten wachsen so leckere, frostharte Wintersalate wie Endivie, Zuckerhut und Winterradicchio (Cicorino rosso).

SO BAUEN SIE WINTERSALATE AN:

Endivie

Verträgt leichten Frost. Von Mitte Juni bis Mitte Juli aussäen, danach vereinzeln oder Mitte August bis Mitte September in ein Gartenbeet oder größeres Pflanzgefäß pflanzen – halten Sie einen Pflanzabstand von 30 cm ein. Regelmäßig gießen. Bedarfsweise bis weit in den Winter hinein ernten.

TIPP: Sie können dem Salat die Bitterstoffe entziehen, indem sie die klein geschnittenen Blätter für wenige Minuten in eine Schüssel mit handwarmem Wasser legen. Wasser abgießen.

Zuckerhut

Ähnelt Chinakohl, erinnert geschmacklich an Endivie und wird auch genauso angebaut. Er ist mehrere Wochen haltbar, wenn Sie ihn nach der Ernte in feuchten Sand einschlagen.

Winterradicchio

Im Juni/Juli ausgesät, können Sie die kleinen, festen Köpfe von Herbst bis Frühjahr ernten.

TIPP: Um über den ganzen Winter Radicchio ernten zu können, pflanzen Sie in der zweiten Septemberhälfte die von Blättern befreiten Wurzeln in einen mit Sand gefüllten Eimer, gut angießen und an einen völlig dunklen Ort bei 8 – 12 °C stellen (oder Gefäß abdecken). Der Radicchio treibt nun immer wieder aus und kann fortlaufend geerntet werden. Gießen nicht vergessen!

MISTELZWEIGE BRINGEN GLÜCK

Hoch oben auf Apfelbäumen, Pappeln, Weiden oder anderen Laubbäumen wachsen die immergrünen Misteln, die im Winter milchig weiße, erbsengroße Früchte tragen. Für die Druiden der Gallier waren sie wertvolle Zauber- und Arzneipflanzen, die für Fruchtbarkeit und ein langes Leben standen. Ihren glücksbringenden Zauber entfalten Misteln auch in Ihrem Zuhause.

MATERIALLISTE:

- Mistelzweige
- schönes Band

MISTELZWEIGE – SO GEHT'S:

❶ Bei Spaziergängen entdecken Sie vielleicht Bäume, auf denen Misteln wachsen, zum Beispiel auf Streuobstwiesen. Misteln sind sogenannte Halbschmarotzer – sie keimen auf den Ästen der Bäume, um näher am Licht zu sein. Bäume, die übervoll mit Misteln bewachsen sind, werden durch diese geschwächt. Darum können Sie – nach Rücksprache mit dem Baumbesitzer – für den eigenen Bedarf (!) einige Mistelzweige entfernen. Schauen Sie auch auf dem Boden nach herabgefallenen Mistelzweigen.

❷ Kürzen Sie die Mistelzweige auf die gewünschte Länge und binden sie mit einem hübschen Band zu einem Strauß fest zusammen.

❸ Befestigen Sie den Mistelzweig am Türrahmen – und dann: „Kiss me under the mistletoe".

TIPP: Die Mistelzweige werden im Lauf der Zeit dürr und gelblich. Dabei werden sie auch dünner – damit die Zweige nicht aus dem Strauß fallen, sollten Sie das Band immer wieder mal fester ziehen.

WINTERSCHMUCK AUS NATUR UND GARTEN

Aus frischem Tannen- oder Fichtengrün, gesammelten Zapfen, Samen, Früchten und allerlei mehr aus Natur und Garten entsteht eine dekorative Wintergirlande, die Tür, Fenster und Eingang schmückt. Sie eignet sich auch als Dekoration für Balkon-, Terrassen- und Treppengeländer, als Tischschmuck oder wo immer Sie es gern winterlich dekorieren möchten. In der Weihnachtszeit können Sie rote Schleifen oder Kugeln ergänzen – und natürlich eine LED-Außenlichterkette anbringen.
Rund gebunden erhalten Sie auf dieselbe Weise einen winterlichen Kranz für Tür und Fenster.

WICHTIG!
Beginnen Sie schon im Herbst mit dem Sammeln der Naturmaterialien, damit Sie diese dann zur Hand haben, wenn es ans Basteln geht.

WINTERGIRLANDE – SO GEHT'S:

MATERIALLISTE:

- Tannen- oder Fichtenzweige, auch vom Weihnachtsbaum
- Kiefernzapfen, Lärchenzapfen, Erlenzapfen
- Fichtenzapfen, nur für eine größere Girlande
- Hüllen von Bucheckern, Eicheln mit Stiel, Hagebutten
- Kleine Wildäpfel mit Stiel

❶ Schneiden Sie die langen Nadelzweige mit einer Gartenschere in etwa 10–20 cm kurze Teile.

❷ Legen Sie diese kurzen Nadelzweige dachziegelartig zu einer Girlande in der gewünschten Länge aus und binden Sie sie sorgfältig mit Bindedraht zusammen.

TIPP: Möchten Sie die Girlande aufhängen, so legen Sie die Nadelzweige auf eine dicke Kordel; mit Bindedraht daran befestigen. An einem oder beiden Enden der Kordel knoten Sie jeweils eine Schlaufe.

❸ Nun dekorieren Sie die Girlande mit den gesammelten Naturmaterialien – befestigen Sie diese mit Bindedraht, mit Haarnadeln oder mithilfe einer Nadel mit Zwirn.

TIPP: Mit etwas Sprühschnee verziert, wird die Wintergirlande noch winterlicher.

WARME DÜFTE DURCH RÄUCHERN

In der glimmenden Wärme lösen sich die ätherischen Öle trockener Kräuter, Blätter, Samen und Harze und erfüllen die Luft mit ihrem Duft – im Winter, wenn man sich die meiste Zeit drinnen aufhält, ist das besonders wohltuend. Darum wundert es nicht, dass Menschen aller Kulturen mit Räucherstäbchen und -kegeln oder traditionell mit Räucherkräutern räuchern. Dabei entfalten bestimmte Kräuter auch eine reinigende Kraft.

TIPP: Pflanzen Sie Ihre Lieblings-Räucherkräuter im Garten, auf Balkon und Terrasse. Nach dem sanften Trocknen räuchern Sie mit Ihren eigenen Ernten.

RÄUCHERN – SO GEHT'S:

❶ Nach dem sanften Trocknen der Kräuter mit langen Stängeln, binden Sie ein paar Stängel derselben oder verschiedener Kräuter zu einem Strauß.

❷ Umwickeln Sie dann diesen Strauß mit Zwirn zu einem länglichen Kräuterbündel.

- **TIPP**: Sie können auch die frischen Kräuterstängel zu einem Bündel binden und dieses Bündel dann sanft trocknen lassen.

❸ Entzünden Sie das Ende des Bündels und blasen die Flamme gleich wieder aus, die Kräuter sollen nur glimmen.

❹ Nun können Sie die Wohnräume oder sich selbst mit dem Räucherbündel abräuchern.

ALTERNATIVEN: Sie zerbröseln die Räucherkräuter und geben sie in eine feuerfeste Abaloneschale, nach Bedarf können Sie auch Fichten- oder Kiefernharz oder Weihrauch zugeben. Nach dem Entzünden ebenfalls die Flamme ausblasen, sodass die Kräuter glimmen.

VERSCHIEDENE KRÄUTER UND IHRE WIRKUNG:

- sorgt für einen klaren Geist: Lavendel
- entspannt, beruhigt: Kamillenblüten, Beifuß, Hopfen
- reinigt die Luft: Salbei, Wacholder, Fichten- und Kiefernharz
- entfaltet schützende Wirkung: Mistel
- sinnlich süß: Rosenblüten

SPRUDELNDE WALD-BADEKUGELN

Die Nadelblätter von Tannen, Kiefern, Fichten und Lärchen enthalten wertvolle ätherische Öle, die entspannend und beruhigend wirken – zum Beispiel als wohlduftendes wärmendes Winterbad. Dazu bereiten Sie aus 300 g zerkleinerten Blättern mit 2 Liter kochendem Wasser einen Tee, den Sie 10 Minuten ziehen lassen und dann dem Badewasser zugeben. Oder Sie stellen aus dem ätherischen Öl und Nadelblättern sprudelnde Badekugeln her.

TIPP: Sie können dazu auch die Nadeln Ihres Weihnachtsbaums verwenden, sofern Sie dessen Herkunft kennen und dieser nicht mit Pflanzenschutzmitteln behandelt wurde!

WALD-BADEKUGELN – SO GEHT'S:

Materialliste:

- 200 g Natron
- 100 g Zitronensäure (Pulver)
- 15 g Sahnepulver
- 50 g Stärke
- 40 g Kakaobutter
- 15 Tropfen ätherisches Öl (Tanne, Kiefer, Fichte, Lärche)
- 4 – 5 etwa 1 cm lange Zweigenden von Tanne, Fichte oder Lärche oder ein paar Kiefernnadelbüschel

1. Mischen Sie langsam Natron, Zitronensäure, Sahnepulver und Stärke, damit diese nicht stauben! Evtl. dazu einen Mund-Nasen-Schutz tragen.
2. Schmelzen Sie die Kakobutter bei kleiner Hitze in einem Topf, vom Herd nehmen und das ätherische Öl einrühren.
3. Rühren Sie nun die Kakaobutter-Öl-Mischung vorsichtig unter die Natron-Mischung, dann zügig mit den Händen zu einer Masse verkneten. Dabei wegen des ätherischen Öls Einmalhandschuhe tragen! Ggf. noch etwas Stärke oder geschmolzene Kakaobutter zufügen.
4. Teilen Sie die Masse nun in 4 oder 5 Teile, und rollen Sie jede Portion zu einer Kugel.
5. Drücken Sie nun in jede Kugel ein Zweigende oder Nadelbüschel ein, nochmals zur Kugel rollen.
6. Ein paar Stunden aushärten lassen, dann luftdicht in Zellophanfolie wickeln.

VOGELFUTTER-ADVENTSKRANZ

Aus Tannen- oder Fichtenzweigen entsteht ein rund gebundener Kranz, den vier Kerzen zieren – jeden Adventssonntag wird eine weitere Kerze entzündet, sodass an Weihnachten alle vier Kerzen brennen. Für die Vögel draußen rund um Ihr Zuhause gibt es keinen kerzen-, sondern einen mit nahrhaften Vogelfuttersnacks geschmückten Adventskranz.

Für Vögel geeigneter essbarer Adventskranzschmuck:

- Meisenknödel oder Meisenringe, gekauft oder selbst gemacht
- Vogel-Cookies selbst gemacht, Rezept auf der Rückseite dieser Karte
- mit Vogelfutter-Fett-Mischung gefüllte Schalenhälften von Orangen oder Kokosnuss
- mit Vogelfutter-Fett-Mischung bestrichene Zapfen (Rezept auf Karte 45)

VOGELFUTTER-ADVENTSKRANZ – SO GEHT'S:

Materialliste:

- Weiden- oder Haselruten
- Fichten- oder Tannenzweige
- Grüner Blumen-Bindedraht, Kordel
- evtl. Gartenhandschuhe (Fichtennadeln pieksen!)

1. Biegen Sie die Rute zu einem Kreis der gewünschten Größe und binden ihn mit Bindedraht fest zusammen.
2. Kürzen Sie Zweige auf 10–15 cm Länge und binden jeweils 4–7 Zweige mit Bindedraht zu einem Sträußchen zusammen.
3. Legen Sie nun die Sträußchen auf dem Rutenkreis aus, dabei überdecken sie sich stets dachziegelartig. Binden Sie nun diese Sträußchen in mehreren Runden durch Umwickeln mit dem Bindedraht an den Rutenkreis.
4. Befestigen Sie an dem Rutenkreis drei gleich lange Kordeln zum Aufhängen.
5. Hängen Sie den essbaren Adventskranzschmuck mit Bändern, Schnüren und Kordeln an den Kranz.

TIPP: Amseln, Finken und andere Vögel besuchen keine schaukelnden Futterstellen. Sie bekommen stattdessen einen ausgelegten Adventskranz, auf den Sie in kleinen Schalen Körner-Vogelfutter, in flüssigem Kokosfett getränkte Haferflocken, Rosinen, Mehlwürmer, Apfelstücke und ähnliches Vogelfutter anbieten.

VOGELFUTTER-WEIHNACHTSBAUM

Ein Nadelbaum im Garten, auf Balkon oder Terrasse wird in der Advents- und Weihnachtszeit mit vielen Leckereien geschmückt, an denen sich die immer hungrigen Vogelmägen ganz besonders erfreuen. Denn nicht nur uns Menschen, sondern auch den Vögeln soll es nun rundum gut gehen. Anregungen für geeigneten Baumbehang finden Sie auf der Karte 42.

TIPP: Sie besitzen keinen geeigneten Baum? Dann funktionieren Sie einfach eine Sprossen-Doppelleiter dazu um, die Sie an einen guten Platz in den Garten, auf Balkon oder Terrasse stellen. Anschließend wird sie weihnachtlich mit Nadelzweigen, roten Bändern und Baumbehang für Vögel geschmückt.

VOGEL-COOKIES SELBST GEMACHT – SO GEHT'S:

Materialliste:

- 200 g Kokosfett oder Rindertalg vom Metzger
- 250 g Vogelfuttermischung (Hanf, Mohn, Sonnenblumenkerne, geschrotete Erdnüsse, gehackte Hasel- und Walnüsse) oder getrocknete Mehlwürmer (Leckerbissen!)
- ein paar Rosinen
- 60 g Vollkornhaferflocken
- Sonnenblumenöl
- Plätzchenförmchen
- Kordel zum Aufhängen

1. Lassen Sie das Fett in einem Topf bei mittlerer Temperatur langsam flüssig werden, es darf nicht sieden!
2. Rühren Sie die Vogelfuttermischung, die Rosinen und Haferflocken unter das flüssige Fett.
3. Damit die Cookies nicht zu hart werden, mischen Sie bei frostigen Außentemperaturen noch ein paar Löffel Sonnenblumenöl unter.
4. Füllen Sie die Fettmischung in Plätzchen- oder Kleingebäckförmchen oder in Förmchen für Cup-Lollies ein, die Sie auf Backpapier oder einer Backunterlage ausgebreitet haben.
5. Nach dem Abkühlen bohren Sie mit einer erwärmten Stricknadel in jedes Plätzchen ein Loch, durch das Sie die Kordel zum Aufhängen einfädeln und verknoten.

EISFREIES TRINKWASSER FÜR VÖGEL – AUCH IM WINTER

Vögel müssen das ganze Jahr über Wasser trinken – auch im Winter! Gerade in der kalten Jahreszeit, wenn kleine Pfützen und Wasserstellen zugefroren sind, müssen sie zum Trinken oft weite Strecken zurücklegen. Um den Vögeln diese energiezehrenden Weitflüge zu ersparen, bieten Sie eine eisfreie Vogeltränke an. Das geht leichter als gedacht. Wundern Sie sich nicht, wenn Vögel darin auch bei frostigen Temperaturen baden. Das macht ihnen gar nichts aus, ist aber für die Pflege des schützenden Gefieders unerlässlich.

VOGELTRÄNKE EISFREI HALTEN – SO GEHT'S:

Ideale Gefäße sind flache Schalen wie etwa ein Blumenuntersetzer, in den Sie ein paar flache Kiesel als Landeplatz hineinlegen. Bei Schalen und Schüsseln aus Ton oder Steingut müssen Sie darauf achten, dass diese frostfest sind.

Im Winter können Sie die Tränke auf einen beheizbaren Tränkenwärmer (erhältlich im Hühnerbedarf) stellen oder Sie besorgen eine frostfreie Hühnertränke. Ist es nur mäßig kalt, genügt es, wenn Sie größere Schalen verwenden und das Wasser mehrmals täglich austauschen.

WICHTIG! Stellen Sie die Tränke an einen Platz, den Vögel von überall gut einsehen können. Geeignete Plätze sind erhöht auf einem Pfosten, Mäuerchen oder einer Säule oder auch inmitten einer freien Fläche. Im Umkreis von mindestens 2 m um die Tränke herum sollte es auch keine Versteckmöglichkeiten für Katzen geben.

FUTTERZAPFEN FÜR VÖGEL

Vögel brauchen das ganze Jahr über fettreiche Nahrung, denn das Fliegen und die über 41 °C hohe Körpertemperatur verbrauchen viel Energie. Da Vögel leichtgewichtig bleiben müssen und daher keine Fettpolster in ihrem Körper anlegen können, müssen sie auch ständig fressen. Aus gesammelten Kiefernzapfen, die Sie mit nahrhaften Nüssen füllen, entstehen kleine Futterzapfen, die Sie ins Geäst von Bäumen und Büschen oder ans Balkongeländer hängen.

Materialliste:

- 8–10 Kiefernzapfen
- Kordel
- 200 g Kokosfett
- 150 g Vogelfuttermischung (Sonnenblumenkerne, Erdnüsse, Hanf, Bucheckern, Hasel- und Walnüsse etc.)

TIPP: Achten Sie beim Kauf von Vogelfutter darauf, dass es keine Weizenkörner enthält – diese werden nicht von Sing- und Gartenvögeln gefressen!

FUTTERZAPFEN – SO GEHT'S:

❶ Damit sich die Schuppen der Kiefernzapfen öffnen, legen Sie diese ein paar Stunden auf einen warmen Heizkörper.

❷ Knoten Sie um den Stiel jedes Zapfens ein Stück Kordel als Aufhänger.

❸ Geben Sie nun das Kokosfett in einen Topf und lassen es langsam bei mittlerer Hitze schmelzen. Es darf nicht sieden, sondern soll nur flüssig werden.

❹ Nehmen Sie den Topf vom Herd und geben die Streufuttermischung in das flüssige Fett; gut unterrühren und etwas abkühlen lassen.

❺ Gießen Sie die abgekühlte, aber noch flüssige Streufutter-Fett-Masse zwischen die geöffneten Schuppen der Zapfen, legen Sie die Zapfen dann auf einen Teller oder Zeitungspapier und füllen evtl. nach dem ersten Abkühlen nochmals nach.

❻ Schließlich geben Sie das fest werdende, milchig weiße Kokosfett mit dem Löffel über jeden Zapfen.

❼ Wenn die Masse fest ist, können Sie die Futterzapfen gleich draußen aufhängen.

TIPP: Wählen Sie für die Futterzapfen eine Stelle, die Sie gut vom Fenster aus sehen können – so haben Sie den perfekten Beobachtungsposten für die einfliegenden Vogelgäste.

IM FREIEN PFLANZEN

Sträucher und Stauden (mehrjährige Blumen) können Sie in Plastiktöpfen (Containern) kaufen und jederzeit im Garten in die Erde pflanzen, vorausgesetzt der Boden ist nicht gefroren! Damit die Wurzeln im Boden guten Halt finden und die Pflanze mit Wasser und Nährstoffen versorgen können, müssen Sie beim Pflanzen auf einen guten Anschluss an den Erdboden sorgen: Dazu füllen Sie das Pflanzloch gut mit Erde, die Sie fest an den Wurzelballen andrücken, und gießen anschließend gründlich. Dabei wird die Erde zwischen die feinen Wurzeln gespült.

WICHTIG! Bei der Pflanzung von Gehölzen müssen die gesetzlich vorgeschriebenen Grenzabstände zu den Nachbargrundstücken eingehalten werden. Diese erfahren Sie von der Gemeinde- oder Stadtverwaltung.

STAUDEN PFLANZEN – SO GEHT'S:

1. Graben Sie in den Erdboden ein tiefes und breites Loch, das größer als der Wurzelballen der Pflanze ist.
2. Nehmen Sie den Wurzelballen aus dem Container und setzen ihn in das Pflanzloch.
3. Füllen Sie so viel Erde auf, dass die Wurzeln bedeckt sind. Dann drücken Sie die Erde an die Wurzeln an, füllen evtl. noch etwas Erde nach, ausreichend angießen.

STRÄUCHER PFLANZEN – SO GEHT'S:

Vor dem Einpflanzen wässern Sie den Wurzelballen im Container mindestens 15 Minuten lang in einem ausreichend großen Kübel.

1. Graben Sie in den Erdboden ein Pflanzloch, das idealerweise doppelt so groß ist wie der Wurzelballen.
2. Lockern Sie die Sohle des Pflanzlochs, nehmen den Wurzelballen aus dem Container und setzen ihn so tief in das Pflanzloch ein, wie er im Container stand.
3. Rundum das Loch mit Erde auffüllen, gut an den Wurzelballen andrücken.
4. Dann den Wurzelballen durchdringend wässern mit mindestens 10 Litern Wasser.

PFLANZGEFÄSSE BEPFLANZEN UND UMTOPFEN

Auf Balkon und Terrasse sowie in Innenräumen wachsen Pflanzen in einem mit Blumenerde gefüllten Pflanzgefäß. Da Pflanzen wachsen und größer werden, müssen Sie Topfpflanzen regelmäßig alle paar Jahre in ein größeres Gefäß umtopfen – spätestens jedoch, sobald die Wurzeln unten aus den Abzugslöchern herausgucken.

- Das richtige Pflanzgefäß aus Plastik oder Ton weist am Topfboden Abzugslöcher auf, über die ein Zuviel an Gieß- oder Regenwasser ablaufen kann. Stellen Sie das Pflanzgefäß in einen Untersetzer oder Übertopf.
- Wählen Sie unbedingt eine qualitativ hochwertige Blumenerde, die absolut torffrei ist. Gute Blumenerde ist hellbraun, nicht schwarz wie Torf!

EINPFLANZEN – SO GEHT'S:

1. Legen Sie ein paar Tonscherben über die Abzugslöcher am Boden des sauberen Pflanzgefäßes, in größere Gefäße füllen Sie eine 1–5 cm hohe Drainageschicht aus Blähton oder Kies.
2. Füllen Sie Blumenerde ein und formen in der Mitte eine tiefe Kuhle.
3. Setzen Sie den Wurzelballen in die Kuhle. Achten Sie darauf, dass die Pflanze genauso hoch sitzt wie in dem Container, in dem Sie sie gekauft haben.
4. Füllen Sie so viel Erde auf, dass die Wurzeln gut bedeckt sind. Dann drücken Sie die Erde gut an die Wurzeln an, füllen evtl. noch etwas Erde nach – dabei sollte die Erdoberfläche 1–2 cm unterhalb des Gefäßrandes liegen. Gut angießen. An einen hellen Platz stellen. Fertig.

UMTOPFEN – SO GEHT'S:

Entnehmen Sie vorsichtig den Wurzelballen aus dem alten Pflanzgefäß – manchmal lösen sich die Wurzeln leichter vom Rand, wenn Sie es durchkneten – und setzen ihn wie oben beschrieben in ein neues Pflanzgefäß ein, dessen Durchmesser etwa 2 cm größer ist als der des bisherigen. Beste Umtopfzeit: Februar bis April

WINTERPFLEGE IM GARTEN

Winterregel Nr. 1:
Im Winter ruhen die meisten Pflanzen, ebenso wie die meisten Tiere. Für Pflanzen ist besonders ein gesundes Bodenleben wichtig – und dazu darf der Boden nicht offen daliegen. Dann ist er Eis und Frost, Wind und Stürmen, Regen und allen Formen von Niederschlägen schutzlos ausgesetzt.

Darum sorgen Sie für einen ganzjährig bedeckten Boden:
- Lassen Sie alle Pflanzen nach dem Verwelken über den Winter bis ins Frühjahr hinein stehen.
- Kehren Sie das ganze Falllaub Ihres Gartens auf Beete, Rabatte, unter Büsche und Bäume, wo es ruhig eine dicke Schicht bilden darf.

Winterregel Nr. 2:
Immergrüne Pflanzen verdunsten über die grünen Blätter auch im Winter Wasser. Darum müssen Sie diese an frostfreien Tagen gießen.

Winterregel Nr. 3:
Liegt eine dicke Schicht aus nassem Schnee auf Ästen und Zweigen, so sollten Sie diese rasch abschütteln. Um höhere Bereiche der Baumkrone zu erreichen, verwenden Sie einfach einen Besen mit langem Stiel.

Winterregel Nr. 4:
Liegt Ihr Garten auf schwerem, lehmigem Boden, so sollten Sie diesen nicht im nassen Zustand betreten oder befahren, auch nicht im Winter. Dann besteht die Gefahr, dass er sich verdichtet – und dies bekommt den meisten Pflanzen nicht.

WINTER AUF BALKON UND TERRASSE

Wenn die Tage kürzer und die Nächte kälter werden, ist der Zeitpunkt gekommen, für den Winter vorzusorgen. Viele Topf- und Kübelpflanzen sind frostempfindlich. Wenn sie im Winter draußen bleiben müssen, brauchen vor allem die nichtheimischen Sträucher und Stauden einen guten Winterschutz oder müssen nach drinnen eingeräumt werden.

TIPP: Viele Pflanzen, die aus dem Mittelmeerraum stammen, vertragen leichten Frost. In Gebieten mit Weinbauklima dürfen sie mit Winterschutz draußen bleiben. Im Bergland und in strengen Wintern müssen sie jedoch auch nach drinnen.

WINTERSCHUTZMASSNAHMEN DRAUSSEN:

Rücken Sie die Pflanze an eine wind- und regengeschützte Stelle direkt an die Hauswand, und stellen Sie den Topf auf ein isolierendes Stück Styropor, Holz, Filz oder ähnliches Material. Umwickeln Sie Topf und Pflanze mit Jutevlies, Schilfrohrmatten, alten Wolldecken oder Ähnlichem.

Sobald es im Frühjahr wieder wärmer wird, können Sie zunächst die schützende Umwicklung öffnen, später dann auch entfernen und die Pflanze an den Sommerplatz rücken.

ÜBERWINTERUNG DRINNEN:

Ab Mitte Oktober, vor den ersten Frostnächten, kommen alle tropischen und kälteempfindlichen Pflanzen an einen hellen, kühlen Platz drinnen, zum Beispiel in einen ungeheizten Wintergarten, ins zugluftfreie Treppenhaus oder auch ins kühle Schlafzimmer. Informieren Sie sich über die verschiedenen Bedürfnisse Ihrer Pflanzen. Weniger gießen und nicht düngen.

Untersuchen Sie die drinnen überwinternden Pflanzen jede Woche auf Schädlinge und Krankheiten.

Erst nach den Eisheiligen Mitte Mai dürfen sie wieder raus.

WINTERPFLEGE FÜR ZIMMERPFLANZEN

Obwohl Zimmerpflanzen das ganze Jahr über drinnen in Innenräumen wachsen und gedeihen, spüren auch sie, wenn es Winter wird. Dann scheint deutlich weniger Licht durch die Fenster in die Zimmer – und dies auch nur für ein paar Stunden. Zudem läuft die Heizung, die lokal auf der Fensterbank zu großer Wärme bis Hitze und im ganzen Raum zu trockenerer Luft führt. Darum sorgen Sie im Winter ganz besonders gut für Ihre Pflanzen.

PFLEGETIPPS FÜR DEN WINTER:

1. Pflanzen, die auf der Fensterbank stehen, bekommen meist auch im Winter genügend Licht. Wenn möglich, rücken Sie im Rauminnern stehende Pflanzen näher ans Fenster – denn die Lichtmenge nimmt vom Fenster zur Raummitte hin rasant ab, ganz besonders im Winter.
2. Generell wird im Winter weniger gegossen und nicht gedüngt, denn die meisten Pflanzen ruhen nun. Aber: Achten Sie bei Pflanzen, die auf einer Fensterbank über der Heizung stehen, darauf, dass die Blumenerde nicht ganz austrocknet.
3. Bei zu trockener Luft können Sie durch offene Wassergefäße und Luftbefeuchter Abhilfe schaffen – dafür bedanken sich auch Ihre Lungen.

TIPP: Trockene, warme Luft fördert das Auftreten von Spinnmilben, einem typischen Winterschädling. Duschen Sie die befallene Pflanze regelmäßig ab und erhöhen die Luftfeuchtigkeit, etwa indem Sie sie regelmäßig mit zimmerwarmem, möglichst weichem Wasser besprühen.